Dipl.Math. Dipl. Inf. Theodor Hellmehl

Modell des Universums

Von Energie über die Materie und Dimensionen zum Universum

GRIN Verlag

Bibliografische Information der Deutschen Nationalbibliothek:

Die Deutsche Bibliothek verzeichnet diese Publikation in der Deutschen National-
bibliografie; detaillierte bibliografische Daten sind im Internet über http://dnb.d-
nb.de/ abrufbar.

Impressum:

Copyright © 2008 GRIN Verlag GmbH
Druck und Bindung: Books on Demand GmbH, Norderstedt Germany
ISBN: 978-3-640-20482-3

Dieses Buch bei GRIN:

http://www.grin.com/de/e-book/93568/modell-des-universums

GRIN - Your knowledge has value

Der GRIN Verlag publiziert seit 1998 wissenschaftliche Arbeiten von Studenten, Hochschullehrern und anderen Akademikern als eBook und gedrucktes Buch. Die Verlagswebsite www.grin.com ist die ideale Plattform zur Veröffentlichung von Hausarbeiten, Abschlussarbeiten, wissenschaftlichen Aufsätzen, Dissertationen und Fachbüchern.

Besuchen Sie uns im Internet:

http://www.grin.com/

http://www.facebook.com/grincom

http://www.twitter.com/grin_com

Modell des Universums

Von Energie über die Materie und Dimensionen zum Universum

Alles, was existiert, ist Energie.

I. Vorwort

Dieses Thema hat die Menschheit schon immer fasziniert und ein Blick zum Himmel erweckt ein unbeschreibbares Gefühl bei dem Gedanken um die Faszination des Universums und wie viele Geheimnisse uns noch verborgen bleiben.
Dabei ist unsere Vorstellungskraft durch die Umgebung und unsere individuellen Kenntnisse geprägt. Aus der Geschichte kennen wir, dass man lange Zeit geglaubt hat, die Erde sei flach, die Sonne drehe sich um die Erde usw. Es wird weiterhin versucht, der Menschheit eine besondere Rolle zuzuordnen. Eine Einstellung, die verständlich scheint und nicht nur von Religionen gefördert wird, hilft uns aber nicht weiter um das gesamte Bild zu verstehen. Es ist sehr wichtig zu akzeptieren, dass die Erde sich um die Sonne dreht und die Erde nicht Mittelpunkt des Universums ist und die Menschheit auch keine zentrale Rolle im gesamten System spielt.
Probieren wir diese Situation aus Sicht des unabhängigen Betrachters zu analysieren.

Den gesamten uns umgebende Raum bezeichnet man als Universum, auch Kosmos oder Weltall genannt. In diesem Artikel soll ein Modell des Universums mit den dazugehörigen Konsequenzen vorgestellt werden. Das Ergebnis soll uns in die Lage versetzen, offene Fragen zu beantworten, die unter allgemein anerkannten Modellen nicht möglich sind. Es existieren sehr viele mehr oder weniger anerkannte Modelle, aber keines ist in der Lage, alle offenen Fragen zu beantworten. Wir gehen davon aus, dass unser Modell in der Lage ist, mehrere unklare Argumente zu klären und die Forschung voran zu bringen.
Hier rücken wir auch in den Bereich, die Weltformel zu finden und in der Lage zu sein, diese Formel auch anzuwenden.
Was das Universum eigentlich ist und wie es aufgebaut ist. Um sich auf ein solch abstraktes Thema einzulassen, muss man sich einige Grundbegriffe, die wir später brauchen, definieren und verinhaltlichen, wie diese zu behandeln sind.

Dazu ist es erforderlich, explizit in bestimmte Bereiche tiefer einzudringen und aus anderen Blickwinkeln zu betrachten. Weiterhin müssen Sie auch bereit sein, sich von allgemein wissenschaftlich anerkannten Lehren und Behauptungen loslösen zu können. Hier werden keine neuen Entdeckungen besprochen oder vorgestellt, sondern nur allgemein bekanntes Wissen verwendet und versucht, nach unserer Vorgehensweise zu betrachten.

Um das Universum als solches zu Verstehen, ist es erforderlich, sich genau mit dem Begriff „Energie" auseinander zu setzen. Es ist nicht möglich, das Universum, Urknall und viel andere Themen und Theorien zu behandeln, ohne vollständige Kenntnisse um die Energie. Je genauer und mehr Wissen wir über Energie erlangen, je besser können wir alle Ereignisse und Aktivitäten verstehen, beschreiben und letztendlich verwenden.

Inhaltsverzeichnis

II.   Einleitung

Es ist sehr schwierig, ein Modell des Universums zu beschreiben, wenn unzureichende Informationen vorhanden sind, aber wenn wir die grundlegenden Bausteine richtig wählen, dann haben wir doch eine gute Möglichkeit, ein Modell des Universums zu beschreiben. Im diesem Fall sollte das vorhandene Informationsdefizit kein großer Nachteil sein.

Mit dieser Einstellung und Ziel versuchen wir zu verstehen: Was ist es für ein Baustein, der alles sich so entwickeln lässt, dass sich umfangreiche Elemente und Ereignisse bilden können? Von ganz elementaren Ereignissen bis zum komplexen Zusammenspiel hoch entwickelter Gebilden?
Unsere Kenntnisse der Mikro- bzw. Makrowelt haben sich innerhalb des letzten Jahrhunderts gegenüber den vorigen Jahrhunderten proportional gesteigert. Dieser Gesichtspunkt darf keinesfalls außer Acht gelassen werden.
Wie es so schön heißt, "Es liegt im Auge des Betrachters". Genauso verhält es sich mit dem Wissen. Die unterschiedlichen Denkweisen beeinflussen nicht die Richtigkeit der Erkenntnisse, es kann nur weitere Erkenntnisse schaffen.
Die heutige Wissenschaft versucht, die Bausteine des Universums grundlegend zu erklären:
Bezüglich String – Theorie – als Baustein des Universums wurden eindimensionale Elemente festgelegt, als Strings bezeichnet. Und Quantenphysik – als Baustein des Universum wurden hier Quanten gewählt, deren Verhalten wie dem einem Teilchen und Wellen entspricht.
Mit vollem Respekt an Quantenphysik und Stringtheorie, immer tiefer in die Materie einzudringen, um immer wieder an die Grenze zu stoßen, solange, bis es akzeptiert wird, dass die tiefste Ebene für Materie die Energie selbst ist. Das heißt, dass Energie der Baustein des Universums ist.
Auch Skeptiker, Kritiker und andere negativ Denkende werden dies eingestehen müssen.

Über Einstein, Heisenberg und andere, die Theorien bezüglich unserer Arbeit zur Entstehung des Universums beschrieben haben, sind hunderte Bücher, Berichte u. Doku's im Umlauf, allein in deutscher Sprache. Ich will hier nicht noch eines hinzufügen, sondern das Thema in einer Form näher bringen, die Sie veranlasst, mitzudenken, sich damit zu befassen und konstruktiv in Dialog zu treten. Wenn Ihnen danach ist, dürfen Sie auch konträr einwirken, wenn Sie eine begründete Meinung haben. Dies ist sogar erwünscht.
Die Themen werden in Sequenzen eingeteilt und allgemein zugänglich behandelt. Das heißt:
wichtige Begriffe werden definiert und in allgemein verständlicher Art erklärt. Sie brauchen also über keine wissenschaftlichen oder fachlichen Vorkenntnisse zu verfügen, um dem Thema folgen zu können.
Bei Bedarf werden einige Stellen auch philosophisch behandelt.

Weiterhin ist später ein Forum geplant, in dem Sie zu den einzelnen Themen ihre Meinung äußern können oder eigene Thesen zu diesem Thema beisteuern. Selbstverständlich ist auch Lob und Tadel erlaubt, sowie Anregungen zur weiteren Verfahrensweise.

Energie wird in sehr breitem Spektrum betrachtet, Energie ist alles, was existiert. Materie ist der eine oder andere Zustand der Energie. Es ist eine ungewöhnliche Behauptung, aber wenn Sie etwas genauer nachdenken, können Sie auch leicht zu so einer Schlussfolgerung kommen.

Zuerst die wichtigsten Begriffe und Bezeichnungen, die wir weiter unten behandeln werden:

III.   Begriffe und Interpretation:

Um Missverständnisse zu vermeiden, bezeichnen wir das Universum als „**gesamten energetischen Raum**" (R_e)

Wir gehen davon aus, dass am Anfang nur Energie existierte. Dabei berücksichtigen wir, dass Materie aus Energie entsteht, nicht anders herum.

Die Einstein'sche Formel „$E=mc^2$" sagt uns, dass um Materie zu erzeugen eine bestimmte Menge (Menge m) Energie (E/c^2) benötigt wird. Hiermit hat Albert Einstein die Materie mit der Energie gleichgesetzt, bzw. in Kausalität gebracht.

Unter E_g bezeichnen wir die **gesamte Energie**. Die gesamte Energie ist die vorhandene Energie im Universum, sie ist und bleibt konstant.

$$E_g = const$$

Die Masse ist mit ihrer Energie identisch, so dass Masse als selbständiger Begriff eliminiert ist. Masse mit ihrer Energie ist im abgeschlossenen System identisch. (Einstein).

Wir bezeichnen die Materie **M** als

$$M = K\ (E).$$

Materie **M** ist ein bestimmter Zustand der Energie. Mit **K** bezeichnen wir das als Körper der Energie **E**.

Dies zeigt, alles ist Energie, weil alles aus Energie entsteht. Selbst Vakuum (**V-Vakuum**) ist Energie, bzw. ein energetischer Zustand.

$$\Sigma(E(V)) = 0$$

Summarische Energie des absoluten Vakuums ist gleich null.

Dabei spielt es keine Rolle, ob wir von Mikro- oder Makrowelt sprechen. Energie, egal in welchem Zustand, existiert in einem **energetischen Raum (R_e)**.

III.1   Abkürzungen:

B	Bewegung		M_a	Antimaterie.
C	Kommunikation		M_d	Dunkle Materie
C_u	Kommunikationsübertragung		P_N	Nordpol
D	Dimension		P_N	Nordpol
E	Energie		P_S	Südpol
E_g	Gesamte Energie		R	Raum
E_m	Energiemenge		R_e	energetische Raum
E_a	Energieart		R_z	Raum und Zeit
$E\vartheta$	Energie Transformation		T	Zeit
F	Feld		V	Vakuum
F_i	Felder Informationsfelder		ζ	Empfänger
F_u	Übertragungsfeld		Ψ	Entwicklung der Energie
I	Information		Ω	Kreislauf
I_t	Informationsträger		Ω_E	Kreislauf der Energie
K	Körper der Energie		Υ	Sender
m	Masse		ϑ	Transformation
M	Materie			

Die Abkürzungen sind frei gewählt und erheben nicht den Anspruch, wissenschaftlich anerkannt zu werden, sie werden wie hier bezeichnet in unserer Abhandlung verwendet. Die Notwendigkeit ergibt sich aus der Abhandlung und ist für eine ernsthafte Verarbeitung und zum logischen Verständnis erforderlich.

Nach diesen Vorgaben kommen wir nun zur eingehenden Abhandlung der Begriffe. Die Begriffe sind in der Reihenfolge so gewählt und aufgebaut, dass sich das Thema wie ein „Roter Faden" vom Anfang der Energie bis zu dem entwickelt, was wir heute kennen und für die Zukunft vermuten.

1 Energie

Als tiefsten Baustein des Universums haben wir die Energie gesetzt.
Die Energie kann in unterschiedliche Arten umgewandelt werden.
Energieart im materiellen Zustand bezeichnet man auch als Materienart.
Unterschiedliche Arten von Energie, besser gesagt Zustände, bestimmen nicht nur Raum um sich sonder auch Materieart (**M**-Materie, **M$_d$**-Dunkle Materie oder **M$_a$**–Antimaterie).
Wir können die Energiearten zur Vereinfachung mit Positive (+1) für die Antimaterie, (-1) für Materie und Zwischenwerte für Dunkle Materie festlegen. Wir orientieren uns hierbei an der elektrischen Ladung des Elektrons für Materie, bzw. Positron bei Antimaterie. Wir bezeichnen das als **E$_a$**-Energieart

$$E \rightarrow E_a$$

E$_a$ bezeichnet die energetische Art, die bestimmt, ob die Energie in einem materiellen, antimateriellen, oder einem dunklen Zustand befindet.

Aus der Einstein'schen Formel lässt sich problemlos herausinterpretieren, dass

$$m_a = E_a/c^2$$

für alle Energiearten gültig ist (Materie, Antimaterie und dunkle Materie).

Aus der Relativitätstheorie ist bekannt dass alle physikalischen Größen wie Länge, Breite, Höhe und Zeit relativ sind.
Wir gehen ein Schritt weiter und behaupten, alle diese Größen sind nicht einfach relativ, sondern es handelt sich jeweils um Eigenschaften jeder materiellen Instanz und hat ganz wenig miteinander zu tun. Es ist nur so, dass bei gleicher Umgebung und Umfeld das Verhalten fast gleich ist. Bei der einen oder andere Abweichung oder Unterscheidung verhalten sich Eigenschaften ganz unterschiedlich.
Z.B. das Zwillingsphänomen zeigt uns lediglich nur, dass bei gleichem Umfeld sich Zwillinge fast gleich entwickeln, aber wenn ein Faktor hinzukommt (Geschwindigkeit), der die Umgebungen verändert, dann verhalten sich beide Systeme (hier Zwillinge) ganz unterschiedlich.
Es ist nicht unser Ziel zu erkennen oder errechnen wie die beiden zueinander stehen, sondern es muss eingestanden werden, wir haben es mit unterschiedlichen Objekten zu tun und diese müssen getrennt behandelt werden.
Soweit so gut. Ich gehe davon aus, dass diese Voraussetzung unserem jetzigen Wissen nicht widerspricht. Die Vorgehensweise kann so weitergeführt werden.
Nachdem wir nun die Begriffe Energie, deren Zustand behandelt haben, wenden wir uns als nächsten Schritt dem zu, was Energie "tut", bzw. bewirkt oder bewirken kann.

1.1 Energietransformation

Dabei wenden wir uns zuerst der **Energietransformation (ϑ)** zu. Transformieren heißt umwandeln vom einem auf einen anderen Zustand (**E$_a$**), dass Energietransformation kein Verlust der Energie bedeutet. Dies geht aus der Formel

$$E = \vartheta\,(E)$$

hervor, wird festgelegt, dass die gesamte Energie immer die gleiche ist, egal welche Transformation stattfindet. Wie Sie bis jetzt erkennen, reden wir bis zu diesem Punkt von Energie im Allgemeinen, ohne auf die Energiearten eingegangen zu sein. Hier sei beispielhaft und allseits bekannt unser Wasser erwähnt. Wasser im üblichen Aggregatzustand ist flüssig, bzw. tropfenförmig, je nach Menge des Vorkommens, wir können es bis zu feinstem Nebel versprühen, wir können es erhitzen bis zum Dampf oder zu Eis oder Schnee gefrieren, es bleibt immer Wasser und immer die gleiche Menge, wenn wir sie in den Ursprungszustand zurückversetzen. Grob gesagt, können wir uns so den Begriff Energieart/Transformation vorstellen.
Wie uns schon aus der Schule bekannt, (Verdunstung, Regen, fließendes Wasser; wieder Verdunstung, Regen, fließendes Wasser usw.) So stellen wir uns Energie im energetischen Raum vor. Ob es wie hier die Erde ist, der gesamte Kosmos oder "ein Kochtopf", spielt keine Rolle.

1.2 Bewegung

Ein weiterer sehr wichtiger Begriff ist die **Bewegung (B)**. Ohne Bewegung könnten wir wohl kaum von Energie reden, wie wir sie kennen, spüren. Man könnte auch den Begriff Kraft verwenden, der Energie in Bewegung misst, bzw. die Bewegung der Energie misst (Arbeit). Bewegung allgemein kann im Inneren, im Äußeren oder relativ stattfinden. Philosophisch gesehen, ohne Bewegung kann nichts existieren, Bewegung ist eine Form der Existenz. Ohne Bewegung kann keine Entwicklung stattfinden.

1.3 Entwicklung

Womit wir beim nächsten wichtige Begriff **"Entwicklung"** (Ψ -Entwicklung der Energie) sind. Entwicklungen finden meist fließend und allmählich statt, der Einfachheit halber versuchen wir trotzdem, dies in Entwicklungsschritten oder - Stufen abzuarbeiten. Entwicklung bedeutet auch Veränderung. Hierzu eine Formel, die aufzeigt, dass während eines Entwicklungsprozesses die Energie konstant bleibt.

$$E=\Psi\,(E)$$

Der Entwicklungsprozess ist eine Bewegung einerseits, andererseits auch eine Folge der Transformationen.

$$\Psi = \vartheta_n(\vartheta_{n-1}(\vartheta_{n-2}(....)))$$

oder

$$\Psi = U_{j=1..n}(\vartheta_j)$$

dabei

$$E_m=\vartheta(E)$$

gesamte Energie (**E$_m$**) bleibt konstant, bei allen Transformationen.

1.4 Zeit

Zeit (**T**) ist unbedingt abhängig vom Raum. Ohne Raum keine Zeit. In dem Moment, wo sich Energie egal in welcher Art entwickelt, beginnt die Zeit zu laufen. Wie Einstein schon sagte, ist Zeit relativ, wir gehen hier den Schritt weiter, dass für jedes Ereignis eine eigene Zeit zuzuordnen ist, vom Zwillingseffekt bis zum einzelnen eigenständigen Objekt. Zwillinge unter gleichen Bedingungen in der gleichen Umgebung entwickeln sich annähernd gleich, bei veränderten Bedingungen jedoch unabhängig voneinander unterschiedlich, also wie ein einzelnes eigenständiges Objekt.

Zeit wie wir sie definieren, und zwar über die Uhr (Sekunden und daraus resultierende Minuten, über Tage bis zu Jahrtausende) ist eine sehr umstrittene Größe und eigentlich für uns nicht gebräuchlich. Weiterhin sprechen wir auch von Zeitgefühl, wie oben beschrieben, auch eine Art, Zeit zu bestimmen, bzw. zu beschreiben. Die eben geschilderte Zeitmessung „Uhr" ist sozusagen hiermit „irdisch" und von Menschen gemacht, also auf uns Menschen und unsere Bedürfnisse zugeschnitten. Da Zeit relativ ist, versuchen wir, uns dem anzupassen und verwenden die für die Physik geltende Argumentation:

Die Zeit ist eine fundamentale, messbare Größe, die zusammen mit dem Raum (**R**) das Kontinuum bildet (**R**$_z$- Raum und Zeit), in das jegliches materielles Geschehen eingebettet ist. Sie gestattet es, kausal verknüpfbare Ereignisse und Handlungen einer Reihenfolge zuzuordnen.

"Alles braucht seine Zeit",

ist hier absolut wörtlich zu nehmen. Dies gilt auch für unsere Abhandlung.

Alles, - das heißt, (alles entsteht aus Energie, auch Materie ist Energie, die durch diesen Zustand Zeit und Raum erwirbt) dass ohne Zeit nichts ist. Zeit ist ein Bestimmungsfaktor.

Braucht - kommt von gebrauchen, bedingen. Die Veränderung von Energie in Materie geschieht durch Transformationen. Transformationen sind Entwicklungen der Energie. Ohne Zeit keine Entwicklung heißt, eine der Bedingungen muss logischerweise Zeit sein.

seine, - damit ist der Bezug zu dem gemeint, um den wir sprechen. Sprechen wir von der Lebensdauer einer Eintagsfliege, meinen wir vielleicht Stunden, vielleicht auch Tage. Sprechen wir vom Universum, rechnen wir in Millionen und Milliarden von Jahren nach unserer Messmethode.

Zeit - ist der Faktor, wenn es darum geht, Entwicklungen, Veränderungen, Kommunikationen und andere "Aktivitäten" zu bestimmen, bzw. zu errechnen. Zeit ist kein allgemein gültiger Begriff, jedes Ereignis hat seine eigene Zeit. Dass Zeit relativ ist, braucht hier wohl nicht weiter behandelt werden, wird aber in späteren Abhandlungen von Bedeutung sein. Bei uns ist sie nicht nur relativ, sonder jedes Ereignis bekommt seine eigene Zeit zur Verfügung und hat nur einen eigenen Sinn und Zweck. Dies bedeutet, man muss den Begriff relativ nicht nur auf das Objekt, sondern auf seine weiteren davon unabhängigen Ereignisse ziehen oder verbinden.

Verwenden wir für die Zeit die Formel

$$T=t_1-t_0$$

wobei **t**$_0$ der Anfang, **t**$_1$ das Ende darstellt. Das Ergebnis (**T**) ist die Existenzzeit, bzw. Ereignis- oder Entwicklungszeit.

Daraus lässt sich im Gegensatz zu einigen Behauptungen schließen, dass Zeit nicht die vierte Dimension ist, sondern lediglich den Eigenschaften der Ereignisse beizuordnen ist. Wie wir bereits abgehandelt haben, steht Zeit immer im Zusammenhang mit Entwicklungen, Veränderungen etc.

1.5   Kommunikation

Kommunikation (C), stammt aus dem Lateinischen "communicare", teilen, mitteilen, teilnehmen (lassen), vereinigen, gemeinsam machen, wechselseitig agieren, austauschen etc. Hier verstehen wir das Zusammenspiel, die Abhängigkeit und den Austausch zwischen zwei oder mehreren Komponenten (komplexen) Instanzen. In gewissem Maße entsteht durch Kommunikation Einfluss. Dabei entstehen natürlich auch fließend Zusammenhänge mit den bereits genannten Begriffen Entwicklung, Bewegung, Transformation und Energiekreislauf. Sie werden später erkennen, dass **Kommunikation** einer der Hauptbegriffe darstellt. Ebenfalls ein Hauptbegriff bezüglich der später erscheinenden Weltformel, in der KI wird der Kommunikation eigene technische Bedeutung beigemessen.

Zwischen zwei Lebewesen (Mensch) eine Kommunikation zu erkennen, ist wohl das einfachste Problem. Wir kommunizieren auf verschiedene Arten. Z. B. Informationsaustausch mit Sprache, Bild, Text etc., wir kommunizieren aber auch im Austausch wie Wettbewerb, Übertragungen, (Krankheitserregeraustausch) Beauftragungen, Bestimmungen (delegieren von Aufgaben oder Positionen), Wie Sie erkennen, gibt es bei uns Menschen eine vielseitige Art von Kommunikation. Warum soll es nicht auch Kommunikation zwischen, mit oder durch Elemente, Bausteinen, Planeten geben?

Inwieweit Kommunikation Bedingung oder Ursache ist, bestimmt das Ereignis. Kommunikation entsteht immer durch "Sender(Υ)" und "Empfänger(ζ)".

Einige können auf Kommunikation angewiesen sein, andere benötigen, bzw. verwerten nur Teile davon, wiederum andere ignorieren sie einfach. Selbstverständlich finden durch Kommunikation auch Veränderungen, Anpassungen etc. statt. Somit können wir sagen: Alles was existiert, kommuniziert in verschiedenen Arten in verschiedener Weise mit verschiedenen Existenzen und/oder wird durch Kommunikation Anderer beeinflusst. Daraus entsteht ein Komplex der Kommunikationswirkung. (Kettenreaktion, Folgeerscheinung/ereignis, Zyklen, etc.)

1.6 Kommunikationsübertragung

Ein wichtiger Begriff der Kommunikation ist die **Kommunikationsübertragung (C_u)** und deren Kommunikationsübertragungs**möglichkeit (Θ-Übertragungsfeld)**.
Als kleines Beispiel zum besseren Verständnis nehme ich hier das bereits oben erwähnte Beispiel, die Sprache, bzw. das gesprochene Wort. Den Begriff Sender und Empfänger hatten wir schon. Der Sprecher *Sender* (Υ) übermittelt (spricht) an den Hörer *Empfänger* (ζ) eine Nachricht. Das ist die Kommunikation. Was geschieht? Um die Nachricht zu übermitteln, wird gesprochen, dadurch Schallwellen erzeugt, die zum Hörer gelangen. Die Schallwellen wiederum benötigen, um die Strecke zu bewältigen einen Träger, bzw. Transportmittel bzw. Transfermittel..(z.B. Luft) Das gleiche könnte auch unter Fischen mit Wasser passieren, dann wäre unser Transfermittel Wasser. Auf die Vorgänge beim Sender, um die Nachricht zu gestalten (Gehirnaktivitäten etc.) und beim Hörer (Gehirnaktivitäten etc.), um die Nachricht zu verwerten möchte ich hier nicht weiter eingehen.
Weiterhin, um beim Beispiel zwischen Sender und Empfänger zu bleiben, wird die (gesprochenen) Nachricht nicht nur vom Empfänger empfangen, sondern auch von anderen, in der Nähe (Kommunikationsübertragungsfeld) befindlichen Personen. Ob diese gesprochene Information als interessant und wohlwollend oder als Störung empfunden wird, ist wiederum ein zu berücksichtigendes Ereignis.

Das Kommunikations-, bzw. **Übertragungsfeld** ist der Bereich, in dem die Wirkung der Kommunikation stattfindet. Das **Übertragungsfeld** (F_u) kann man sich als Fingerabdruck (Bild) vom Feld vorstellen. Das gesamte Feldbild wird von allen Beteiligten beeinflusst und enthält somit die gesamte Information über die Beteiligten. Meist wird Energie absorbiert, bzw. passt sich die Energie dem Umfeld an oder vermischt sich. Das heißt, dass mit der Dauer, bzw. Entfernung der zurückgelegten Strecke die Wirkung, in diesem Fall die Kommunikation abnimmt.
An diesem kleinen simplen Beispiel kann man sehr gut erkennen, wie ein gesprochenes Wort eine Kette von Ereignissen auslöst. Wenn man hier schon ein komplexes Ereignis herausinterpretieren kann, um ein wie vielfaches komplexer sind dann Kommunikationen z. B. im Planetensystem? Aus dieser Frage lässt sich ableiten, dass bei vielfachen komplexen Kommunikationen auch Knoten entstehen, an obigem Beispiel reduzieren wir sie auf 2, Sender u. Empfänger. Diese **Knoten** sind aufgrund des Empfangs oder Sendung wiederum Auslöser für andere Kommunikationen, die Wirkungen zeigen, jedoch für die zwei "Knoten" ohne Bedeutung sind. Dass sie trotzdem von Bedeutung sein können, beweist das möglicherweise erzeugte Echo (Schallwellen, die nicht dem Empfänger zugedacht sind, erreichen aufgrund des Widerhalls einen anderen Empfänger. Genauso kann in diesem Beispiel das Echo die Schallwellen an den Sender zurückleiten, wodurch der Sender „unfreiwillig?" zusätzlich zum Empfänger wird. Dies zum Begriff Knoten, der auch im Gebrauch der Weltformel und in der KI zum Tragen kommt. Wir messen diesen Knoten eine starke Bedeutung zu.

Das heißt auch, dass wir uns vorstellen, dass unser Universum als ein riesiger energetischer Raum mit Feldnetzen gefüllt ist, der mit sehr vielen materiellen Knoten in unterschiedlichen Größen, Formen und Strukturen ausgestattet ist.
Wobei Feldnetze auch als Übertragungsfelder für die Kommunikation dienen.

1.7 Raum

Der **Raum (R)** ist in der menschlichen Erfahrung durch die Dimensionen Höhe, Breite und Tiefe bestimmt. Raum ermöglicht allen materiellen Objekten eine Ausdehnung, er selbst existiert als grundlegendes Ordnungsmodell, dies aber nur in Relation zu diesen Objekten. Ebenso spielen sich alle physikalischen Vorgänge in "Raum" ab, er ist somit eine Art „Behälter" für Materie und Felder.

Wie schon oben erwähnt, wird Raum durch Felder gebildet, welche Energie im energetischen Raum um sich bildet.
In der Speziellen Relativitätstheorie ist der Raum zwar vom Beobachter abhängig, nicht jedoch von den physikalischen Vorgängen darin. Er ist immer noch für jeden Beobachter euklidisch. Das ändert

sich in der Allgemeinen Relativitätstheorie. In dieser wird die Gravitation durch die Krümmung der Raumzeit beschrieben, welche auch eine Krümmung des Raumes bedeutet. Die Geometrie der Raumzeit hängt vom Energie- Impuls- Tensor, also von den im Raum vorhandenen Teilchen und Feldern, ab. Der Raum ist daher nur noch lokal euklidisch.

Wir gehen dabei auch von einem energetischen Raum aus, der alles beinhaltet. Wenn was existieren sollte, dann gehört es auch in den gesamten Raum. Raum ist nicht zu teilen, trennen oder extra zu behandeln. Raum beinhaltet auch das Feld, das Energie um sich herum erzeugt. Ohne Feld kein Raum, kein Raum ohne Feld in dem einen oder anderen Zustand.

1.8   Dimension

Die **Dimension** (**D**) bezeichnet eine physikalische Eigenschaft und hierbei in der Regel Raum und Zeit. Auch die Größenart einer Größe wird als ihre Dimension bezeichnet: z.B. haben die Größen Länge, Breite, Höhe. Dimensionen entstehen gleichzeitig mit Entstehung der Materie und sind nur für entstandene Materie zugeordnet.
Nach Einstein sind auch Dimensionen relativ. Wir erweitern hier so, dass Dimensionen der eigenen materiellen Instanz zugeordnet werden müssen, sie haben mit einander, bzw. mit anderen wenig zu tun. Eine Vergleichsrechnung, wie Dimension einer Instanz zu einer Dimension einer anderen Instanz steht, interessiert uns hier wenig. Es ist wichtig noch mal zu betonen, dass wir es wirklich immer mit unterschiedlichen Sachen zu tun haben.

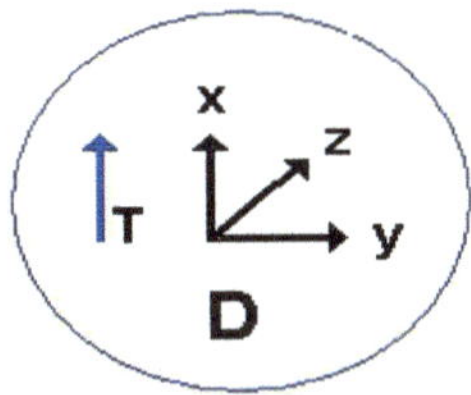

Später werden wir noch mal auf dieses spezielle Thema eingehen.

1.9   Materie

Materie (**M**) (lat.: materia = »Stoff«) ist eine allgemeine Bezeichnung für alles Stoffliche, was uns umgibt und aus dem wir selbst bestehen.
- Im klassischen Sinne ist Materie alles, was aus Quarks in mehr oder weniger komplexer Struktur aufgebaut ist.
- Im philosophischen Sinn bezeichnet Materie die objektive Realität, die von unseren Sinnen abgebildet oder widergespiegelt wird.
- Die definierenden Eigenschaften von Materie sind ihre Masse, der Raumbedarf, die Struktur und die innere Energie.
- Unter Materie im weiteren Sinne werden sowohl Materie im engeren Sinne als auch Antimaterie zusammengefasst.

Auch hier sollte man etwas verallgemeinern und sich mehr auf eine abstrakte Ebene begeben.
Materie ist ein abgeleiteter Begriff, bzw. Zustand der Energie, mithin also nichts anderes als ein materieller Zustand, besser gesagt: Körper der Energie.

$$M = K(E)$$

Jede elementare materielle Einheit mit eigener Dimensionen stellt auch Bausteine für zusammengesetzte komplexe materielle Objekte und Gebilde mit übergeordneter Dimensionen (Atom, Molekül, Planeten – usw.) dar.

1.10   Materie biologisch – Lebensform

Biologisch: Bezeichnet einen materiellen Zustand, der als Materie in der Lage ist, sich selbständig als eigenes Produkt zu verändern, und/oder sich mit anderen Materien zu verbinden, und/oder sich zu vermehren und/oder sich örtlich zu bewegen. Weiterhin, Energien aufzunehmen und in veränderter Art abzugeben.
Im weiteren Sinne betrachten wir das Wort Bio (Leben) auch als Entwicklungsstufe und ordnen dies dem jeweiligen Entwicklungsstand zu. Somit kann durch die Zellbildung eines Einzellers genauso von Leben gesprochen werden, wie von einer Pflanze. Höherstufig anzusiedeln die Entwicklungsstufen Tier – Mensch.
Wir definieren biologisch (Lebensform) als ein Stadium der materiellen Entwicklung, welche weitere Eigenschaften und zusätzlich auch eine besondere Art von Energie (Lebensenergie) besitzt.

Lebensform als solches unterscheidet sich mit mehreren gewonnenen Möglichkeiten. Im Großen und Ganzem verhalten wir uns genauso wie ein nichtlebendiges materielles Objekt. Ich bitte um Verständnis, wenn sich jemand an dieser Vorgehensweise stört, aber sie sollten auch bedenken, dass dies im Universum und im Verhältnis zum Universum wenig Bedeutung besitzt. Damit möchte ich zum Ausdruck bringen, dass biologische Entwicklungen auch Entwicklungen der Energie sind, unabhängig davon, wie wir die Objekte bezeichnen, damit also den Gesetzen der Energie-Entwicklung unterliegen.
Lebensform entsteht und entwickelt sich nach den unten beschriebenen Prinzipien. Und die Lebensform bildet im Laufe der Evolution einen immer neuen Zustand mit immer neuem energetischem Hintergrund. Es bilden sich immer neue Energiequellen, Wellen und Felder. Es ist auch wichtig über Resonanzen - Effekte zu sprechen. Diese Resonanzen - Effekte als verstärkte Quelle spielen eine sehr wichtige Rolle bei allen Stadien der Energieentwicklung. Neue Felder und Wellen beeinflussen immer weitere Entwicklungen.

2   Entwicklung der Energie

Wir versuchen so einfach wie möglich, aber chronologisch vorzugehen. Fangen wir mit der ersten Stufe an und Schritt für Schritt kommen wir bis zu den komplexeren Systemen, beginnend mit der Kraft, Feld und bis zu Lebensform und Zivilisation.
Energie besteht im gesamten Raum R_e. Nehmen wir an, sie würde sich als reine Energie im „Ur"-zustand im Raum befinden: Sie wäre nur da. Durch verschiedene Ausdehnungen, Auslagerungen etc. wandelt sich energetische Menge in verschiedene Konzentrationen, Mengen, wobei energetische Veränderungen hervorgerufen werden. Durch diese Aktivität entstehen Resonanzen, die es ermöglichen, Energie in andere Zustände zu versetzen. Dabei können sich elementare Teilchen, bilden, die als Knoten für weitere Resonanzkräfte, bzw. - Effekte dienen. Diese elementare Teilchen (Knoten) sind zwar noch keine Materie im weiteren Sinne, wir bezeichnen sie hier als

Entwicklungsstufe von Energie zur Materie. Man könnte diese Knoten als **„weiche Materie"** oder **„weicher Übergang"** benennen.

2.1 Flockentheorie

Man könnte sich bildlich das wie Flocken vorstellen. Nehmen wir wieder einmal unser beliebtes Beispiel „Wasser". Stellen Sie sich Schneeflocken vor. Mikroskopisch werden Sie erkennen, dass jede Flocke anders aussieht, obwohl es ja „nur Wasser" ist. Es wird nicht vorkommen, dass Flocken absolut identisch sind, dies ist auch wissenschaftlich eindeutig belegt. Diese Flocken können sich vereinen, bzw. verbinden und bilden sich zu Regentropfen, Schneeflocken oder Hagelkörner. Genauso gut könnten sie auch wieder „verdampfen", „verdunsten", es würde kein Wasser entstehen, egal ob als Tropfen, Flocken oder Hagelkorn.

Den Übergang von Energie in Materie könnte man sich bildlich ähnlich vorstellen:

Der energetische Raum besteht aus Energie und deren Feldern. Durch bereits oben beschriebene Aktivitäten und den unterschiedlichen Resonanzen entstehen Bildungen von unterschiedlichen „energetischen Flocken". Jede Flocke enthält unterschiedliche Mengen von Energie.

Einige Flocken verschmelzen, bzw. verschwinden, andere bilden ein System, welches elementare physikalische Teilchen schafft. Diese Teilchen wiederum können sich auch zu mehreren Teichen oder Macroteilchen zusammenbilden. Aus diesen Bildungen können letztendlich Atome, Moleküle etc. entstehen. Daraus ist erkenntlich, dass im Aufbau und der Entwicklung kein Unterschied besteht zwischen Mikro und Makro, wie Atomen oder gar Sonnensystemen. Es kommt nur darauf an, mit welchen Mengen und Effekten (Resonanzen, Zerreißen des Vakuums, etc.) und welcher Intensität dies geschieht. Wissenschaftler wollen beobachtet haben, dass Galaxien im Milli -Sekundenbereich entstanden sind. In einem solchen Fall müssen Energien freigesetzt werden, die unsere heutige Vorstellungskraft bei Weitem übertreffen.

Wir bezeichnen Materie als solche schon in kleinsten Teilchen wie oben genannten Flocken.

2.2 Feld

Im Raum zwischen und um Mikroteilchen oder Makroelementen existiert ein Prozess, ein besonderer Raumzustand, der als Feld mit einer Feldkraft bezeichnet wird. Diese Feldkraft zwischen Quellen beeinflusst sich gegenseitig. Das Feld um eine Quelle hat einen einfachen Zustand, aber bei Hinzufügung weiterer Quellen ändert sich das Feld zwischen den Quellen zu einer immer komplexeren Zustandsform. Dabei schließt sich nicht aus, dass durch Veränderungen der Felder auch die Quellen Veränderungen unterzogen werden. Felder sind immer von den Quellen bedingt, verschieden Arten von Quellen erzeugen verschiedene Arten von Feldern. Mischformen sind üblich.

Das heißt, dass Felder **Informationsträger (I_t)** sind. Man könnte auch von „Informationsfelder" (F_i) sprechen. Je nach Beeinflussung der Quellen und Felder erhalten wir immer aktuelle Informationen über den aktuellen Raumzustand. Die Entwicklung selbst kann man daraus nicht erkennen, sondern aus „vergangenen" Informationen die Unterschiede als Entwicklung erkennen.

Weiterhin aus oben genannten Erkenntnissen handelt es sich nicht nur um ein Informationsfeld, sondern auch um ein „Umfeld und Übertragungsfeld für weitere Entwicklungen und Kommunikationen". Die Quelle allein entwickelt sich nicht von sich selbst, sondern wird durch die Beeinflussung vom Umfeld gezwungen, sich anzupassen, bzw. zu verändern. Durch die Entwicklung erzeugt die Quelle wiederum ein geändertes Feld, was wiederum die geänderte Information weitergibt, wodurch sich Felder und Quellen ver/ändern. Das sind die wichtigste Entwicklungskomponente.

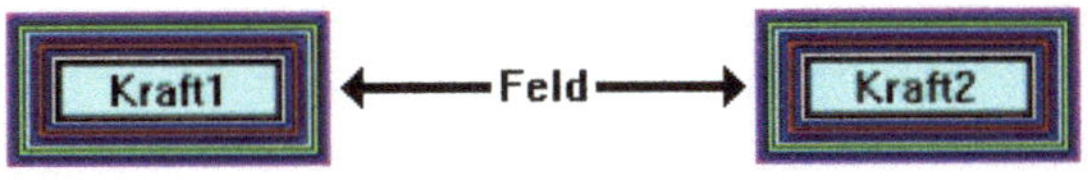

Bild 1

Ein Feld ist ein Raum, der durch die Quellen beeinflusst und bestimmt wird. (Bild 1). Die Felder benötigen keinen Träger, sondern ändern sich nach bestimmten Gesetzen. Das heißt, dass der Raum ein Feld ist; genauso ist berechtigt, dass Feld ein Raum darstellt. Felder bestimmen den Raum (im Rückschluss heißt dies, dass der Raum durch die vorhandene Energie bestimmt wird).

Kommunikationsmittel werden als Wellen bezeichnet. Diese Wellen übertragen Information unterschiedlicher Natur. Wie ein Magnet mit einem anderen Magnet kommuniziert, entsteht im Zwischenraum eine Kraft, die mit Wellen übertragen wird. Die Wellen selbst haben keinen materiellen Zustand.

Feld

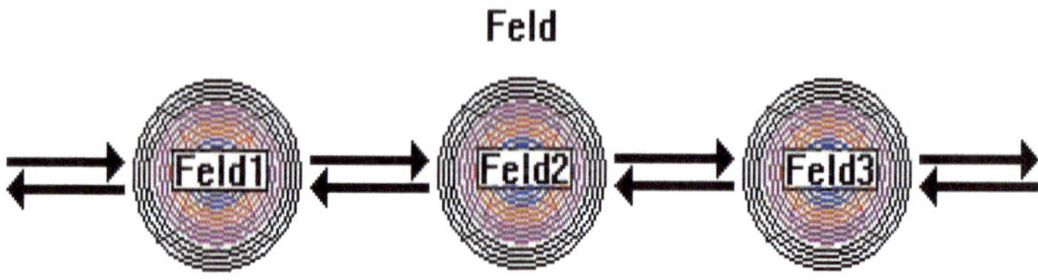

Bild 2

Bei der nächsten Ebene (Bild 2) wird Kommunikation, gegenseitige Beeinflussung zwischen unterschiedlichen Feldern dargestellt. Der gesamte Raum R_e ist ein komplexes Zusammenspiel von Feldern. Dabei werden unterschiedliche Raumbereiche gebildet, welche sich in Feldern widerspiegeln. Raum ist nichts anderes als ein Feld in einem oder anderen Zustand. Ohne Feld kein Raum.

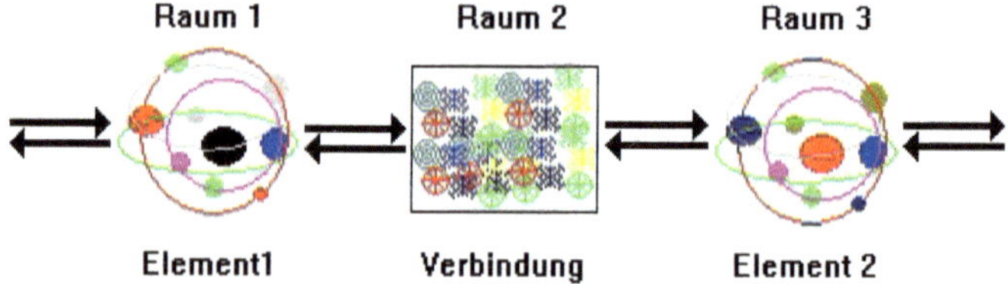

Bild 3

Bild 3 bezeichnet eine weitere Raum-Ebene, in der nun auch Materie mit einbezogen wird. Materie als materieller Zustand der Energie. Materie beeinflusst Felder, somit beeinflusst Materie sowohl auch den Raum, passt den Raumzustand rund um sich an, genauso passt sich die Materie auch an den Raumzustand an. Mit Bildung von materiellen Knoten kommen weitere Eigenschaften dazu, wie eigene Zeit und eigene Dimensionen, anders gesagt eigenen Lebensraum und Lebenszeit.

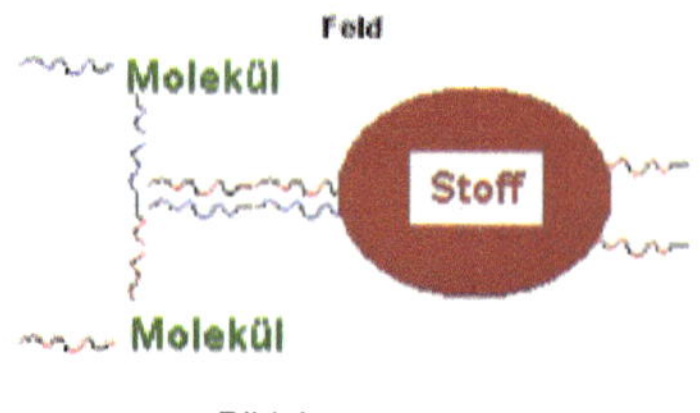

Bild 4

Auf Bild 4 sind Stoff-Komponenten (Kombination aus verschiedenen materiellen Elementen) dargestellt. Stoff passt um sich herum das Feld an, ein eigenes Feld, somit bildet sich eine neue Quelle für geänderte Umgebung.
Es ist sehr wichtig zu betonen, dass alle neuen Gebilde genauso wie in der unterste Ebene vom Raumzustand bzw. Felder abhängig sind. Zusammenspiel und gegenseitiger Einfluss ist ein Prozess, der im Raum stattfindet. Entwicklung ist nicht nur wie sich der materielle Zustand ändert, sondern auch der Raum, der Raumzustand, sowie auch Felder sich verändern.

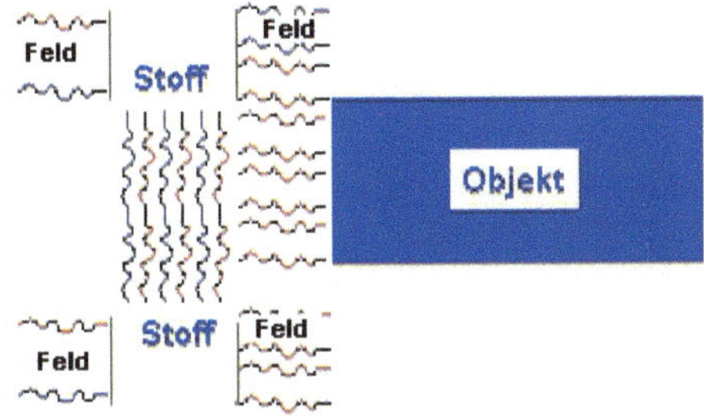

Bild 5

Bild 5 zeigt uns ein übergeordnetes Objekt. Das Objekt, aus elementaren Bestandteilen, bekommt auch eigene Dimensionen. Am Bild ist zu erkennen dass wir immer mehr Beeinflussungen aller mögliche Arten hinzufügen mit weiteren Linien. Selbstverständlich wirkt das neue Objekt auch als neue Feldquelle.
Eigene Dimensionen des Objektes haben wenig mit Dimensionen von Bestandkomponenten zu tun. Es ist zwar schwierig, sich auf so einen Aufbau des Universums einzustellen, aber wenn wir genau überlegen, dann wird klar, dass nur so eine Vorgehensweise uns ans Ziel bringt. Nur so eine Vorgehensweise entspricht der Realität viel mehr und erklärt viele Probleme besser als klassische Vorstellungen.

Bild 6 stellt die Entstehung einer Lebensform dar. Ab einer bestimmten Entwicklungsphase entsteht eine neue Art von Materie mit eigenen Dimensionen, mit eigenem Lebensraum und Lebenszeit.

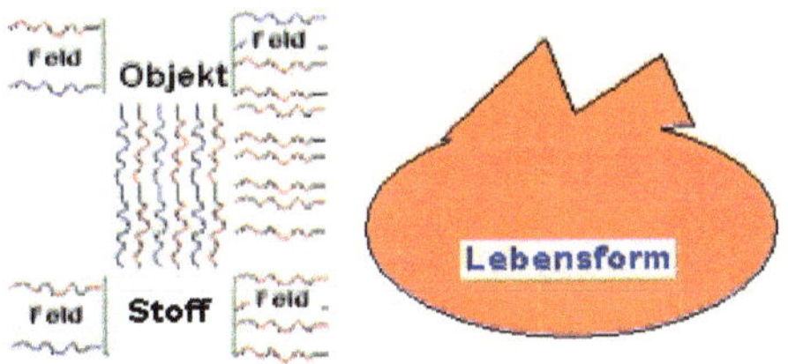

Bild 6

Das Erscheinen und die Existenz des lebenden Organismus erklären sich durch die Wellenerscheinungsformen der Energie. Auch nach den oben beschriebenen Prinzipien, kein physikalischer Unterschied zur Vorentwicklung. Es ist der gleiche Entwicklungsprozess. Immer bilden sich komplexere Systeme – Dimensionen aus kleineren oder elementaren Systemen. Mit neuen Objekt-Dimensionen bilden sich neue Kommunikationsmechanismen zwischen einander usw.

Wie bereits oben beschrieben, ist auch eine Lebensform abhängig von Dimensionen, Feldern, und Feldquellen. Die Veränderlichkeiten der Objekte, die den Lebensformen zuzuschreiben sind, zeichnen sich dadurch aus, dass sie sehr stark durch die Veränderlichkeiten der Bestandteile beeinflusst werden. Weiterhin zeichnen sich Lebensformen dadurch aus, dass sie darüber hinaus zu den materiellen Bestandteilen über vielseitige Felder, Feldquellen und energetischen Vielfältigkeiten verfügen.

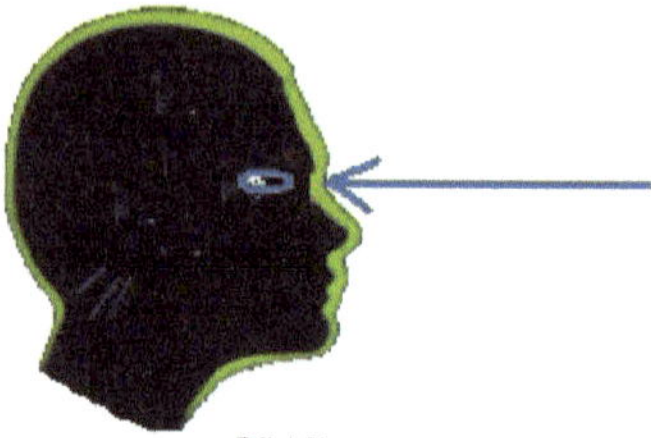

Bild 7

Als Beispiel können wir die gewöhnliche Sehkraft mit bestimmten Wellenerscheinungsformen der Photonen analysieren. Die Wellenerscheinungsform der Photonen ist immer die Gleiche. Was sich verändert, ist die Verarbeitung, bzw. Empfang der Photonen, um Licht oder Bilder daraus auszuwerten. Ein Mensch besitzt eine andere Verwertungsart als einige Tiere oder Pflanzen, auch eine andere als nicht biologische Objekte.
Pflanzen benutzen Photonen in der Hauptsache, um Transformationen vorzunehmen (Photosynthese). Menschen benutzen Photonen als Kommunikationsmittel, (Informationen, Bilder, Schrift), oder die Haut, um Synthesen zu entwickeln, vergleichbar Pflanzen oder Wärme aufzunehmen. Metalle nehmen durch Photonen Wärme auf, und/oder reflektieren Photonen.

Mit immer weiterer Entwicklung entstehen immerzu neue Instanzen mit neuen Eigenschaften. Dies im energetischen wie materiellen Bereichen.
Der Wissenschaft steht erst davor, die Mechanismen der Erscheinungsform solcher Arten der Energie wie die "Gedanken", das "Bewusstsein", die „Intelligenz" zu entdecken. Zwar unterliegen auch diese Erscheinungsformen den Gesetzen der Energie wie Entwicklung, Kommunikation, Transformation u. a., dies weiter zu vertiefen, würde hier die Abhandlung sprengen. Eine Diskussion, auch philosophisch, würde sich allemal lohnen.

Es ist auch zu akzeptieren, dass der Mensch mit seinen Fähigkeiten keine Ausnahme in der oben beschriebenen Entwicklung ist und auf Grund unterschiedlicher Faktoren und Bedingungen entwickeln sich immer kompliziertere Systeme mit neuen Energiequellen und neuer Natur von Feldern. Jede neu entstandene Einheit hat immer noch die gleiche Entwicklungsgrundlage mit allen damit verbundenen Feldern, die jedoch das Objekt neu beeinflussen können.
Es ist nicht einfach, die oben beschriebenen Erscheinungsformen wie Intelligenz, Gedanken etc. zu so einer Art der Entstehung zu akzeptieren, aber Energie, Materie, Felder und Wellen sind grundlegende Voraussetzungen für die Entwicklung und keine Besonderheit im Energieentwicklungsprozess.
Es gibt nichts Ideales im Universum und alles ist dem gesamten Entwicklungsprozess untergeordnet.

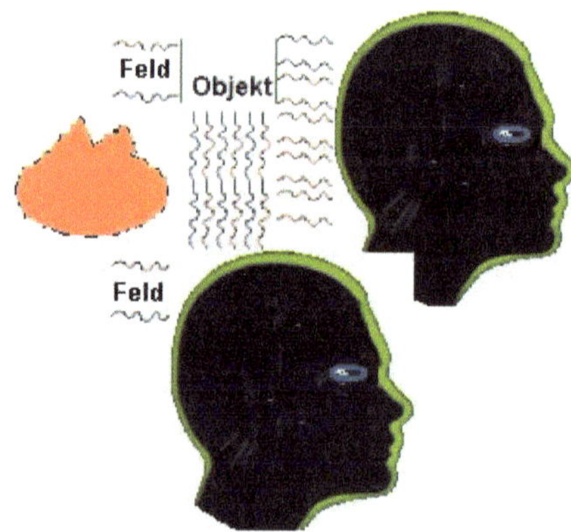

Bild 8

Mit dem Entstehen neuer Materieneinheiten wie Menschen bilden sich also auch neue Arten von Feldern. Es ist heute noch nicht viel davon bekannt, aber es ist auch eine logische Schlussfolgerung.
Bis dahin haben wir uns mit Objekten als ein Objekt befasst. Eine Anzahl von Objekten bildet eine Objekteinheit, bzw. – Einheiten, genauso wie Materieeinheiten. Innerhalb von Objekteinheiten verändern und beeinflussen sich gegenseitig Quellen und Felder. Dadurch bauen sich je nach Verschiedenheit der Objekteinheiten verschiedene Systeme auf.
Nehmen wir das Beispiel Objekt „Mensch". Beginnen wir mit dem Zusammentreffen zweier Menschen, unabhängig von Größe, Alter und Geschlecht: Durch dieses Zusammentreffen verändern, bzw. werden bestimmte Erscheinungsformen hervorgerufen. Felder und Quellen beeinflussen sich gegenseitig und entwickeln dadurch Eigenschaften wie „Kommunikation" (Telepathie, Hypnose, Informationen).
Das gleiche geschieht in der Mikrowelt genauso wie im gesamten Kosmos, nur mit den entsprechenden verschiedenen Kommunikationsmöglichkeiten. Eine Entwicklung ist nicht denkbar ohne Kommunikation auf die eine oder andere Weise.

Selbstverständlich kommen zur menschlichen Evolution weitere wirtschaftliche und soziale Faktoren hinzu, die in der einen oder anderen Art und Weise diese Entwicklung beeinflussen.

Damit habe ich versucht zu beschreiben, wie kompliziert und komplex unser System, auch betreffend den Menschen, das sich immer weiter entwickelt, ist. Siehe Energiekreislauf unterliegt auch der Mensch der fortwährenden Entwicklung.
Trotz der Vielfältigkeit ist die Menschheit in keinem Fall vom gesamten kosmischen System isoliert zu betrachten. Wie mehrmals betont wurde, ist das Universum ein System und alle Elemente entstehen und entwickeln sich unter gegenseitigem Einfluss, das gleiche Prinzip und die gleichen Gesetze.

Etwas Neues gibt es nicht. Neu sind nur die Erkenntnisse, die wir aus den Schlussfolgerungen ziehen. Neu sind auch die Erkenntnisse, die wir erst heute oder in der Zukunft aus den Tatsachen ersehen, die wir aufgrund der Intelligenz, Informationen, Bildung und Forschung erlangen.
Alles ist gegeben, nichts ist neu. Was wir als neu erkennen, kann älter als die Menschheit sein.
Diese Abhandlung soll Ihnen Anregung sein, den Weg zu beschreiten, der die Überlegung zugrunde legt:
Alles besteht aus Energie, der Ursprung des Seins ist über die Energie bei der Energie zu finden.
Jeder Mensch ist ein Individuum. Das heißt, wir sind verschieden, also empfinden und denken wir auch verschieden. Fakt ist jedoch, egal wie verschieden wir sind, der Ursprung bleibt. Je nach dem „Typus" des Lesers ist das Thema in der Sache zwar das Gleiche, die Denkungs- und Handlungsweise und Empfindung aber sehr unterschiedlich. Unterschiedlich sind auch Bildung, Gesellschaft, Interessen und Zeit. Daraus können sich interessante Unterschiede ergeben. Als Beispiel sei die Erkenntnis genannt, dass die Erde nicht der Mittelpunkt des Universums ist und dass die Erde sich bewegt und rund ist.

Bösartige Zungen werden nun sagen, dass hier versucht wird, alles auf den Fakt Energie zu reduzieren, es gibt doch mehr als nur Energie!
Hier sagen wir: RICHTIG. Alles ist Energie, da alles aus Energie besteht. Es gibt nicht mehr als Energie, weil alles aus Energie entsteht und besteht. Energieträger für die Energie ist die Energie selbst.

Energie, Materie und mehrdimensionaler Raum sind Hauptthemen, mit denen wir uns hier beschäftigen. Besseres Verstehen sollte uns die Möglichkeit geben, unser gesamtes Wissen in unterschiedlichen Bereichen richtig einzuordnen und zu verwenden. Philosophisch gesehen hat alles einen energetischen Hintergrund, ob das gesamtes Universum, einzelne Sonnensysteme, sowie jede Lebensform inklusive menschlicher Gefühle und Gedanken.
Die Wissenschaft hat heute viel erreicht und die Forschung geht immer weiter in alle möglichen Fachrichtungen, aber der energetische Hintergrund wird nicht immer ernsthaft genug berücksichtigt.
Der Speziellen Relativitätstheorie liegt die Einheit von Raum und Zeit zugrunde. In der klassischen Mechanik sind die Begriffe Energie und Zeit eng miteinander verbunden. Die Erhaltung der Energie ist ein Ausdruck der Homogenität in der Zeit. Eine neue Interpretation des Zeitbegriffs, wie dies Einstein in der Speziellen Relativitätstheorie gelang, hat deswegen notwendigerweise Konsequenzen für unser Verständnis von Energie. Die Bewegungsenergie eines Teilchens in Ruhe ist in der Newton'schen Mechanik gleich null. In der relativistischen Mechanik ist dies nicht der Fall. Die Vereinheitlichung von Raum und Zeit führt deshalb dazu, dass auch einem ruhenden Teilchen ein gewisses Energieäquivalent zugeordnet werden muss. Es ist durch Einsteins Beziehung: $E = mc^2$ bestimmt. Die Energie eines ruhenden Körpers der Masse **m** entspricht demnach der Energie, die man erhält, indem

man die Masse mit dem Quadrat der Lichtgeschwindigkeit multipliziert. Betrachtet man geläufige Masseeinheiten, etwa die Masse von einem Kilogramm, so erhält man aufgrund der Lichtgeschwindigkeit sehr große Energiemengen. Ein Kilogramm Materie entspricht demzufolge einer Energie, die ein großes Kraftwerk in einem Jahr produzieren könnte.

Ebenso wie Raum und Zeit in der Speziellen Relativitätstheorie eine Einheit bilden, so bilden auch die Begriffe Masse und Energie eine Einheit.

Außerdem es ist wichtig noch mal zu betonen: wir gehen nicht einfach von Relativität als solche aus, sonder wir sprechen immer über Instanzen aller Arten als unabhängige Elemente, welche eigene materielle und energetische Eigenschaften besitzen. Es ist möglich Parallelen zu ziehen, aber in keinem Fall können wir diese gleich behandeln.

3   Bildung der Dimensionen durch Übergang von Energie in Materie

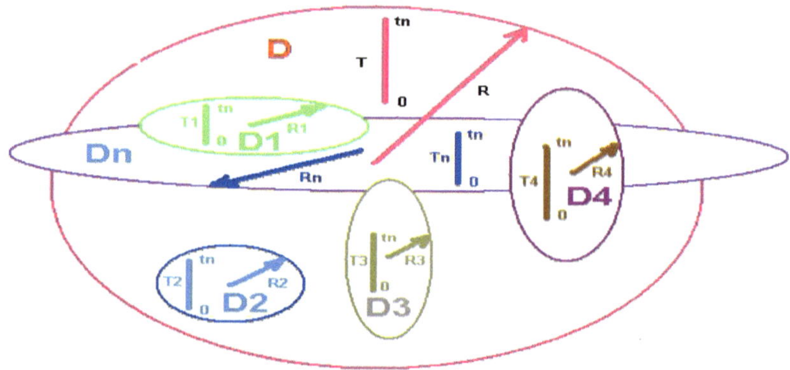

<u>**Abbildung 1/ Mehrdimensionales Gebilde**</u>

Die Dimension (**D**) bezeichnet eine physikalische Eigenschaft und hierbei in der Regel Raum und Zeit. Unter Bezugnahme auf das Raum-Zeit Kontinuum sprechen wir von Eigenschaften, Länge, Breite, Höhe und Zeit. Ohne Verfälschung der Einsteinschen Relativitätstheorie könnten wir sagen, jede materielle Instanz enthält eine eigene Dimension.

Hier wird ein Beispiel dargestellt, wie sich Dimensionen möglicherweise bilden können. Es ist nicht unsere Absicht, hier über ein Konstrukt wie zwei oder dreidimensionale Fläche oder Raum zu sprechen, oder über mehrdimensionalen Raum, sondern über ein System von Dimensionen (**L, B, H, T**). Siehe unsere Abb. 1 wird mit D1 bis Dn dargestellt, wie unterschiedliche Dimensionen mit eigener Instanz zu einem System gebildet werden, das eine eigene Dimension erwirbt.

Wie auch zu erkennen ist, entsteht hier keine Vermehrung oder gar rechnerische Anhäufung der Dimensionen, sondern eine Instanz mit eigener Dimension. (z. B.: Nehmen wir einen Apfel, und belassen es dabei, er hat drei Dimensionen, L,B,H. Fügen wir noch 10 Äpfel dazu, haben wir zwar einen ganzen Korb voll, jedoch immer noch nur 3 Dimensionen, L,B,H. Analog dazu verhält es sich, wenn wir einen Apfel halbieren. Dadurch verringert sich die Zahl der Dimensionen nicht. Wir haben nicht 1,5 Dimensionen, sondern immer noch 3 Dimensionen L, B, H.) Aufgrund dessen, dass unterschiedliche einzelne Dimensionen mit jeweils eigenen Eigenschaften zu einer Einheit werden, bedeutet, dass die Einheit durch die jeweiligen Einheiten (**D_1** bis **D_n**) beeinflusst werden.

Schematische Darstellung wird mit Abbildung 1 auch so dargestellt: Jedes elementare Teilchen (D1 bis Dn) besitzt eigene Dimensionseingeschafften wie Größe und Zeit. Zusammen gesetzte Teilchen bilden eine übergeordnete Dimension **D**. Alle Dimensionen sind einerseits unabhängig, mit eigener Zeit und Raum, andererseits bilden sie ein System und beeinflussen sich gegenseitig, was dazu führt, dass das System ebenfalls beeinflusst wird. Beeinflussung oder Kommunikation wird auf Feldebene geführt.

Oder so (Abbildung 1:), wie unser mehrdimensionaler Raum ungefähr aufgebaut werden kann. Beim Entstehen und Zerfallen entstehen neue Dimensionen oder verschwinden. Dieser Prozess beeinflusst die Entwicklung der Materie, somit auch durch Änderungen aktiver Felder. Diese Entwicklung spielt sich von mikro- bis makrogroßen Einheiten ab, egal ob es um Molekül oder Sonnensystem geht. Unser Universum ist eine Bildung aus mehreren „Zeit-Raum-Kontinua", welche nicht isoliert voneinander sind, sondern einige enthalten andere Kontinua, oder sie überschneiden sich. Als Beispiel: Die Dimension des Baumes mit der Dimension der Erde haben selbst einen gemeinsamen Lebensbereich, ist zwar komplett von anderen Sterndimensionen isoliert, trotzdem können die Dimensionen sich gegenseitig beeinflussen.

Die ganze Zeit haben wir Energie und Materie im Zusammenhang mit der Entwicklung betrachtet. Als Nächstes wird versucht zu beschreiben, wie dieser Entwicklung - Kommunikation - Energieaustausch funktioniert.

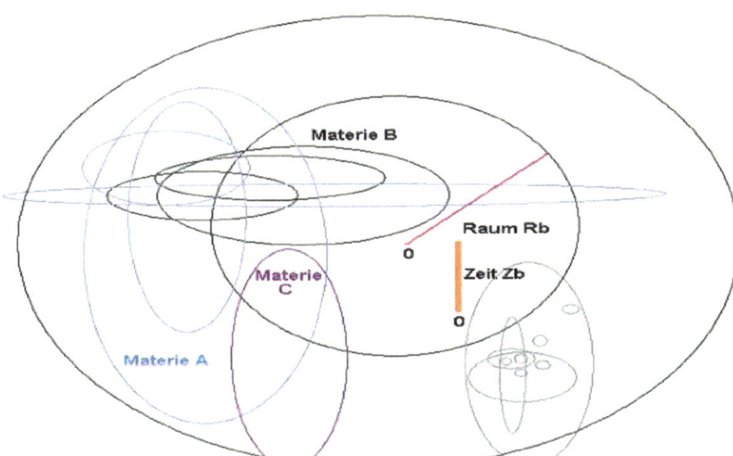

Abbildung 2

Das Universum als Energiebehälter existiert und entwickelt sich nach eigenen Gesetzen. Nach unterschiedlichen lokalen Konstellationen entstehen und verschwinden einige Dimensionen im gesamten Universum.
Dadurch entwickelt sich die Energie in allen Richtungen bis zum Entstehen der biologischen Komponenten und letztendlich der Menschheit auf unserem blauen Planeten, und das ist keine Ausnahme, sondern die Existenz des Universums. Selbstverständlich ist alles, was sich auf der Erde abgespielt hat, keine Ausnahme, sondern normale Entwicklung nach realen Gesetzen, die überall im Universum gelten.
Wie am Käse bei bestimmten Voraussetzungen Schimmel entsteht, verhält es sich im Universum: stimmen die Voraussetzungen, dann entstehen oder entwickeln sich immer neue Formen von Energietransformationen mit dem entsprechenden materiellen Inhalt.
Wenn wir das als Ansatz nehmen, dann haben wir eine gute Grundlage, um sehr viele andere Phänomene einfacher zu erklären.
Dabei ist auch wichtig zu sagen: die Entwicklung, so wie wir sie verstehen, muss als Bewegungsbahn nach den noch unvorstellbaren kosmischen Gesetzen betrachtet werden. Unsere Gesellschaft zeigt

auch wie diese Gesetze sich erweitern lassen. Die gesamte Gesellschaft ist eine Stufe der Entwicklung. Was wir damit erzielen wollten: das alles ist ein System.
Energie, Entwicklung der Energie und Energietransformationen sind grundlegende Prozesse bei allen Prozessen des Universums. Materie als besonderer Zustand der Energie mit eigenem Zeit-Raum-Eigenschaften oder Dimension genannt bildet einen mehrdimensionalen Raum.

die Energie entsteht nicht aus nichts und sie verschwindet nicht spurlos, es wird nur der Zustand der Energie geändert und das hat Auswirkung auf die materialen Eigenschaften. Die Materie können wir als

$$M(R, Z)$$

für eine **elementare** materielle Einheit bezeichnen.
Für eine zusammengesetzte Materie als Kombination von Bestandteilen gilt:

$$M1(Ri, Zi) = M1(R1, Z1) \, \& \, M2(R2, Z2) \, \& .. \& \, Mn(Rn, Zn)$$

Es ist gleich zu erkennen, dass **kombinierte** (z.B. ein Baum als Objekt besteht aus vielen Bestandkomponenten: Wasser, Salz, Zellulose usw.) Materie von Bestandteilen abhängig ist und im Laufe der Zeit eine dynamische Entwicklung erlebt, auch ohne von außen beeinflusst zu werden. Bestandkomponente erleben eine innere Entwicklung, was auf das übergeordnete Objekt wirkt.
Es ist auch wichtig zu betonen: die Geschwindigkeit der Materie beeinflusst die materiellen Eigenschaften von Zeit und Raum.

4 Kreislauf der Energie

Im weiteren Verlauf werden wir noch mal etwas genauer betrachten, was wir unter Energie und Materie verstehen. Viele Philosophen und Denker haben sich mit der Weltordnung befasst. Da hat alles ein Anfang und ein Ende, des Einen Ende ist des anderen Anfang. So eine Formulierung ist erst mal sehr allgemein und nicht ganz konkret, obwohl das der Grund ist, die Entwicklungen aller Arten zu beschreiben. Wir sprechen hier über einen Kreislauf, – den Energiekreislauf.
Als bildhaftes Beispiel können wir den Wasserkreislauf benennen, - nur zum leichteren Verständnis.
Energie hat eine vielartige Entwicklung und kann sehr unterschiedliche Zustände erreichen mit ganz unterschiedlichen zusätzlichen Eigenschaften. Energie wandelt sich auch in Materie um und ungekehrt. Es ist nur entscheidend, ob die Voraussetzungen stimmen. Zumindest muss ausreichende Menge und Entwicklungszustand vorhanden sein. Das ist für unsere jetzigen Begriffe ein sehr spektakuläres Ereignis. Nach heutiger Kenntnis sind wir (noch) nicht in der Lage, aus Energie Materie herzustellen. Durch Umwandlung Energie/Materie erhält Materie zwei weitere Komponenten: Zeit und Raum (eigene Dimensionen). Entsprechend dem Kreislauf, entwickelt sich Materie weiter (im energetischen Umfeld) und kann auch einen sehr komplexen Zustand erreichen. Zum Beispiel eine biologische Einheit wie Säuren, Eiweißstoffe, Pflanze, Tiere, Menschen. Materie entwickelt sich in viele Richtungen, hat aber immer außer einem energetischen Kern als Basis auch einen materiellen Kern und Dimensionen – Zeit und Raum. Materielle Einheiten bilden ganze Systeme von Raum und Zeit. Bei bestimmten Konstellationen kann Energie aus Materie freigesetzt werden. Dabei verliert Materie Zeit – Raum - Eingeschafften und es wird sehr viel Energie freigesetzt. Das könnte u. a. ein schwarzes Loch sein. Das war eine oberflächliche aber zugrunde liegende Beschreibung von Energie – Materie Kreislauf im Universum.

Bei mehreren Theorien spielt die Energie oft eine abgeleitete Rolle, obwohl sie der Baustein oder Bauelement des gesamten Universums ist.
Unsere Universumsecke, die wir als ca. 13 Milliarden Jahre alt einschätzen, bezieht sich auf Materie, die wir in der Lage sind, wahrzunehmen. Mit unserer Technik sind wir in der Lage, nur einen kleinen Bruchteil des Universums wahrzunehmen. Aber das ist noch nicht das ganze Universum. Dies ist nur die älteste Energietransformation in unserer Universumsecke, die wir wahrnehmen können. Unser Wahrnehmungsvermögen ist umfangreich, trotzdem aber sehr beschränkt. Man darf jedoch nicht außer Betracht lassen, dass das, was wir noch nicht wahrnehmen können, unser Umfeld nicht beeinflusst, besser gesagt, sind Bestandteile des Universums. Alles, was rund um uns existiert und was wir noch nicht entdeckt oder gemessen haben, unser reales Umfeld trotzdem beeinflusst und umgekehrt.

Mit Bild 9 wird gezeigt, wie in allen Ecken des Universums durch die Entwicklung immer neue Felder ganz unterschiedlicher Natur aus den unterschiedlichen Quellen entstehen. Auch jede Lebensform, auch Mensch, tritt als Quelle auf, wobei zu berücksichtigen ist, dass wir es bei Menschen mit einem hoch komplexen Objekt zu tun haben. Je komplexer ein Objekt, desto vielseitiger (komplexer) seine Quellen und Felder.

5 Modell

Aus unseren oben beschriebenen Überlegungen, könnte man unser Universum als ein Netz vorstellen. Ein Netz stellt vielseitige Felder dar, jede Materielle Einheit fungiert als Knoten im Netz. Dabei sind alle Knoten vernetzt.
Netz - besser gesagt (Netz-) Felder -, sind nicht nur Übertragungsfelder, sonder stellen auch den Raumzustand in jeder Raumposition dar. Dieser Felder sind auch Entwicklungsumgebung für beteiligte Knoten. Das heißt, dass nicht nur die Instanz, sondern auch Felder sich entwickeln. Der Instanzzustand ist keine unabhängige Einheit, sonder eine materialisierte Spiegelung des Feldzustands. Energien im materiellen Zustand, die eine Entwicklung durchgemacht haben hinterlassen auch Spuren im Umfeldraum. Zu einer komplexen Energie ist sicherlich ein Energiezustand zuzuordnen, der es möglich macht, einige lebendige Knoten zu bilden. Ich kann nur immer und immer wieder wiederholen, dass unser Universum ein sehr umfangreiches Gebilde ist, in dem sich alle Beteiligte gegenseitig beeinflussen und sich im ununterbrochenen Entwicklungsprozess befinden. Energienkreislauf ist mehr als nur eine Entwicklung, man könnte den Kreislauf spiralförmig vorzustellen. Unten wird ein Universumsmodell dargestellt, welches nicht den Anspruch der Vollständigkeit erhebt. Es soll vereinfacht bildlich darstellen, was wir bis hierher besprochen haben. Eine alles erklärende Abbildung würde alle Rahmen sprengen. Was wir erreichen wollen ist zu diesem Zeitpunk eine systematische Vorgehensweise grundlegende Universumsbausteine und Ereignisse zu erklären, um einen klein Einstig ins dieser Theorie zu ermöglichen.

Je nach Energieart nimmt Energie einen bestimmten Zustand an, hier „energetischer Zustand". Dabei kann der Zustand materiell, antimateriell oder dunkle Energie sein.

Im gesamten Weltraum existiert eine bestimmt Menge Energie. Diese Energie verteilt sich in eine Art von Pol, Nordpol und Südpol, die gesamte Energie bleibt jedoch konstant.
Die Energien wandeln sich in verschiedenen Arten um (z. B. materielle, antimaterielle und dunkle Materie). Aus kleinen Energiefeldern bilden sich größere bis sie schließlich zu enormen Energiegeschwüren zusammen kommen. Doch sie versammeln sich nicht nur. Es kommt auch zu Spaltungen, sodass die Energiefelder wieder kleiner werden.
Die Häufigkeit der materiellen oder der antimateriellen Energien hängt nicht vom Zufall ab. Der materielle Zustand bei einem Atomkern ist positiv, die Elektronen außen herum negativ, sie sind vorwiegend am Nordpol zu finden. Der antimaterielle Zustand mit einem negativen Atomkern und positiven Elektronen (Positronen) ist im Südpol des Weltraumes zu finden. Je nach Sicht des Betrachters besteht ein „Nord" und „Süd" Pol natürlich auch in kleineren Räumen. Da wir uns hier dem Universum zuwenden, lassen wir hier kleinere Dimensionen erst mal außer Acht.

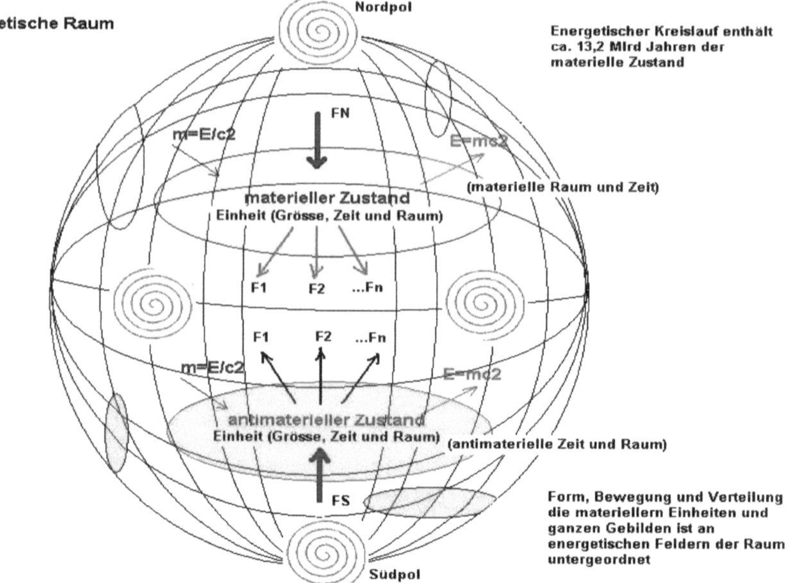

Abbildung „Modell 1"

Wobei FN (Felder Nordpol) und FS (Felder Südpol) sind Felder mit unterschiedlichen Ausrichtungen der Felder (materielle/oben, antimaterielle/unten). Mit F_j (j = 1..n) wird die Beeinflussung der Felder im energetischen Raum bezeichnet

Der gesamter Kreislauf beinhaltet Entwicklungsstadien wie vormaterielle, materielle, zwischenmaterielle und antimaterielle Entwicklungen im großen gesamten Kreislauf. Eine solche Aufteilung macht es uns möglich, folgende grobe Berechnungen durchzuführen.

Ca. 1/8 des energetischen Kreislaufs laut heutiger Wissenschaft „Energie" besteht im materiellen oder antimateriellen Zustand.
Der längste uns bekannte materielle Zustand kann nach heutige Kenntnissen bei ca.13,2 Mrd. Jahren liegen.
Daraus rückschließend, könnte der große Energiekreislauf ca. 8*13,2 = 105,6 Mrd. Jahre andauern.

Wie Materie, die aus Energie besteht, ändert auch Energie seinen Zustand. Wie bei materiellen Einheiten und Gebilden sprechen wir hier dann von energetischen Einheiten und Gebilden. Das heißt, dass Energie in ihrer Urform sich nach verschiedenen Entwicklungsprozessen zu der Energie entwickelt, die für uns spürbar, wahrnehmbar und messbar ist. Nennen wir diese Entwicklung zum besseren Verständnis in unserer weiteren Abhandlung „Transformationsentwicklung". Diese Transformationsentwicklung ist ein energetisch fortwährender Prozess, der nicht mit dem materiellen Zustand endet, sondern Teil des Energiekreislaufs ist. Durch den materiellen Zustand, unabhängig ob Makro oder Mikro, erwirbt/benötigt die Energie Raum und Zeit.

Materie und Antimaterie sind an Pole des energetischen Raums gebunden.

Materielle Einheiten und Gebilde sind nach energetischen Feldern verteilt und bewegen sich im energetischen Raum. Dies lässt den Schluss zu, dass wir hier nicht von einem energetischen Kreislauf sprechen. Es ist aufgrund der Komplexität leicht zu verstehen, dass in Sich mehrere Kreisläufe stattfinden mit unterschiedlichen Auswirkungen.
Hierzu ein Beispiel: Wir halten uns dabei an die Abbildung 1
Der große energetische Kreislauf zeigt uns hier einen Weg von „oben" nach „unten" und wieder nach „oben", dargestellt, wie sich Energie in den einzelnen Phasen verhalten könnte.

Der große Kreislauf führt vom „Nordpol" über den „Südpol" zurück zum „Nordpol". Weiterhin ist dargestellt, dass sich der Kreislauf siehe Spiralen im „Äquator" im materiellen (oben) und/oder antimateriellen (unten) Bereich bewegen. Mischbewegungen in fast allen Variationen sind durchaus denkbar.

Der Unterschied zwischen Nord – und Südpol

Zum besseren Verständnis und zur besseren Veranschaulichung habe ich mit Absicht die Begriffe **Nord (P_N)** - und **Süd**pol **(P_s)** verwendet. Korrekter müsste es **Pol** und **Gegenpol** heißen.

Wenn wir uns darauf einigen, könnte man sagen, dass alle Universumseinheiten oder Universumselemente und das Universum selbst nach außen als Materie und nach innen als Energie zu betrachten sind. Wie bereits erwähnt, ist der energetische Raum abhängig von der Energie, dem Zustand der Energie und dem „Ort", in dem sich Energie befindet. Die Abhängigkeit der Energien untereinander und das Zusammenspiel der Energien miteinander bestimmen den „energetischen Raum".

Das Universum würden wir in einem breiten Spektrum als größte mögliche Einheit betrachten. Dabei ist es ausgeschlossen, dass nebeneinander/miteinander andere unterschiedliche Universen? gleichzeitig bestehen (Parallelwelten). Alles ist ein System und existiert als Einheit. Alles, was wir wahrnehmen können und alles, was außerhalb unserem Wahrnehmungsvermögen liegt. Alles existiert gleichzeitig. Wenn wir etwas noch nicht erkennen oder beschreiben können, heißt das lange noch nicht, dass „Etwas" nur (welt)weit entfernt von uns existiert oder gar nicht vorhanden ist.

IV. Einige Diskussionsthemen

Unsere heutigen Vorstellungen haben logischerweise mehrere unklare Stellen. Einige Beispiele wollen wir hier in einer Art Diskussionsstoff behandeln. Dieser Abschnitt soll uns die Möglichkeit geben, zu einigen Thesen, Themen und Behauptungen Stellung zu nehmen, um Anregung für mögliche neue Thesen, Themen und Behauptungen zu sein.

Thema **Kontra Urknall** (Theorie Lichtgeschwindigkeit)
Ich behaupte, den Urknall hat es nie gegeben...
Nach Albert Einstein kann nichts schneller als Licht sein.
Obwohl es Berichte gibt, dass bei den Versuchen ein Mozartstück mit 4-facher Lichtgeschwindigkeit übertragen worden ist, ist das aber immer noch unendlich zu wenig. Man behauptet, dass beim Urknall die gesamte Materie in einem Punkt konzentriert war (ich weiß nicht, ob man dies auch Singularität, wie bei den schwarzen Löchern, nennt). Das heißt, dort gab es eine extreme, unvorstellbare Dichte. Jede Materie besitzt eine Anziehungskraft. Je dichter ein Körper ist, desto schneller muss man sich fortbewegen, um dieser Kraft zu entkommen. Nach einfachen Physikgesetzen kann man ausrechnen, wie schnell diese Geschwindigkeit ist, wenn man die Masse hat. Schon bei einem schwarzen Loch ist diese Fluchtgeschwindigkeit schneller als das Licht, das bedeutet, es gibt für nichts ein Entkommen (unendliche Geschwindigkeit).

Oder
Was war vor dem Urknall und wo hat dieser stattgefunden, wenn es noch keinen Raum gab?
Ohne Zeit-Raum-Kontinuum kann nur Energie existieren.
Und es muss nicht unbedingt in einem Punkt konzentriert sein.
Aus unserer Abhandlung haben wir immer den gesamten energetischen Raum als Universum behandelt, die Größe des Universums spielt dabei keine Rolle. Weiterhin hieße das auch, wenn ein Urknall, also von einem Punkt aus eine Ausdehnung (Flucht) stattgefunden haben soll, müssten von einem Mittelpunkt aus alle materiellen Energien sich in einer Fluchtbewegung befinden, die physikalisch nur in eine Fluchtrichtung sich bewegt. Wissenschaftler haben die GEBURT einer Galaxie beobachtet und sprachen von unvorstellbaren Energien, die freigesetzt wurden. Wie kann das sein, wo es doch nur einen Knall, und zwar den Urknall gab? Diese Beobachtung kommt doch eher dem Energiekreislauf nahe. Daraus schließen wir auch, dass es keinen Urknall gab, sondern der „Urknall" ein laufender Prozess im großen Energiekreislauf bestätigt. Man könnte sagen, „es knallt überall und immer wieder".

Thema **Kontra Zeitreise** (Theorie Relativitätstheorie)

Wirkliche Zeitreisen sind nicht möglich.

<u>Erst mal die Behauptungen einiger Wissenschaftler:</u>
Wenn sich ein Objekt bis zur Lichtgeschwindigkeit bewegt, verlangsamt sich mit Zunahme der Geschwindigkeit die Zeit, bis sie bei Erreichen der Lichtgeschwindigkeit stehen bleibt. Bei Überschreiten der Lichtgeschwindigkeit kehrt sich die Zeit um. Mit diesem Argument wird behauptet, dass die Zeitumkehr bedeutet, dass sich das Objekt in die Vergangenheit begibt, bzw. in die Zeit zurück begibt. Mit solchen oder ähnlichen Argumenten werden Zeitreisen begründet, die meinetwegen bis ins Mittelalter führen könnten.

<u>Unsere Stellungnahme:</u>
Jedes Objekt hat, wie wir bereits mehrfach erwähnt haben, seine eigene Zeit. Das heißt, dass sich die eigene Zeit nicht mit der Zeit anderer beinflusst. Sollte sich ein Objekt mit Lichtgeschwindigkeit bewegen, wird nur die eigene Zeit des betroffenen Objektes beeinflusst. Nach obengenannten Behauptungen einiger Wissenschaftler können wir nur beten, dass es niemandem gelingt, eine Zeitreise ins Mittelalter zu schaffen. Er würde im Mittelalter mit Rittern und Burgfräulein sich vergnügen. Frage: woher kommen Ritter und Burgfräulein? Haben die etwa auch eine Zeitreise gemacht? Oder andere Frage, hat die Erde (gesamte Umgebung) die Zeitreise mitgemacht? Dann wären wir alle plötzlich im Mittelalter. Das hieße aber auch, dass sich mit der Zeit auch die Entwicklung zurückgeschraubt hätte. Ich als Verfasser kann nur sagen, im Mittelalter habe ich noch nicht gelebt, so alt bin ich nicht. Meine Entwicklung begann vor 50 Jahren, als wäre ich unterwegs an Neugeburt gestorben.

Wenn wir das Überschreiten schaffen könnten, würde sich demnach für dieses Objekt die Zeit in die Gegenrichtung drehen, also die Zeit läuft rückwärts, somit wird es jünger. Und wenn sich Prozesse vom Objekt rückwärts entwickeln, für den Außenstehenden und seiner Umgebung ist das immer noch weitere Entwicklung. Der Zwillingseffekt zeigt uns, dass zwei Zwillinge sich in zwei unterschiedlichen Zeit-Raum-Kontinua unterschiedlich wegen des Geschwindigkeitsunterschiedes entwickelt haben, ohne sich gegenseitig zu beeinflussen.

Das heißt, egal mit welcher Geschwindigkeit und Dauer etwas reist, es ist nur der betroffene Zeitfaktor des Reisenden, der sich ändert, und in keiner Art und Weise werden andere unabhängige System davon beeinflusst, sie existieren und entwickeln sich weiter nach ihrer eigene Zeit.

Thema **Kontra Parallelwelten** (Theorie)

Oder: Parallele Welten sind unbegründete Theorien. Wenn wir das zulassen, dann sollten für jede Aktion, nicht nur auf der Erde, gleichzeitig Millionen Kopien bzw. Millionen unterschiedliche Varianten (Parallel – Klone - Welten) in Bruchsekunden entstehen, um unterschiedliche bzw. gleiche Entwicklung zu gewährleisten. Wir wollten das nicht viel weiter vertiefen, aber es ist eine sehr schwache Begründung, dass die Universen in der unendlichen Menge ständig neu entstehen sollen.
Wir sollten unser Universum (gesamtes All) als eine Einheit betrachten und alles, was außerhalb unseres Wahrnehmungsvermögens liegt, ist nicht als Klonen oder Kopien zu betrachten, sondern weitere noch unbekannte Eigenschaften der Energie im All.

Oft wird über Dunkle Materie (DM) gesprochen.

(M_d) ist Materie, die wir nicht sehen, nicht im optischen Bereich oder im Radiobereich des Spektrums und auch nicht in einem anderen Bereich des elektromagnetischen Spektrums. Aber gewisse Beobachtungsfakten deuten darauf, dass es viel mehr Materie geben muss, als bekannt ist. Da solche Materie nicht gesehen wird, wurde sie `Dunkle Materie' genannt.
Nach unserer Deutung sollten wir sie einfach als Energie bezeichnen, die nicht irgendwo, sondern überall in uns nicht bekanntem materiellem Zustand (Körper) existiert. Es ist gut vorstellbar, dass der Energiezustand nicht nur einen für uns sichtbaren Zustand haben kann, sondern einen besonderen Zustand mit einem anderen energetischen Hintergrund, mit anderen energetischen und materiellen Eigenschaften. Wir sind jetzt an der Stelle gelandet, wo man sagen kann, dass unser Universum ein System ist, wo einerseits eine Evolution von Energie läuft, sowie von materialen Dimensionen die sich gegenseitig beeinflussen und alles das ist ein Energiekreislauf im Universum.
Ob weiteres Leben im All existiert, kann man zu 100 % mit Ja behaupten, und wenn es irgendwo ähnliche Bedingungen wie auf der Erde gegeben hat, dann sollten auch ähnliche Lebensformen entstehen, bzw. entstanden sein. Das ist nichts anderes als Energietransformationen nach den fürs ganze Universum geltenden Gesetzen. Und wenn wir ideal gleiche Voraussetzungen haben, dann haben wir auch das gleiche Ergebnis wie 2 + 2 = 4 ist im Dezimalsystem oder 100 im Dualsystem.
Das Ergebnis ist immer dasselbe. Selbstverständlich entstehen bei abweichenden Voraussetzungen auch andere kosmische Objekte und Lebensformen.
Diese Frageliste könnte man weiter ausführen.

V.   Zusammenfassung

Im diesem Artikel wurde versucht, die Entstehung und Entwicklung zu analysieren und den Aufbau von unserem mehrdimensionalen Raum zu beschreiben. Sehr viele Stellen sind nicht ausführlich begründet worden. Es sind wenige Zusammenhänge gezeigt, aber das sind für sich selbst auch große Themen und es war nicht geplant, in diesem Artikel so ausführlich darauf einzugehen.

Die angesprochenen Themen scheinen nicht besonders wichtig für unser Leben zu sein, aber in Wirklichkeit spielen sie eine sehr große Rolle, um unser Umfeld richtig verstehen zu können.

Hier wird Platz für Religionen und Astrologie gelassen. Anders gesagt: alles hat einen bestimmten Sinn. Es ist nur die Frage, diese Erscheinungen genau und wahrheitsgemäß zu begründen.

Eine ganze Menge unerklärlicher Phänomene konnte aus dieser Sicht beleuchtet werden. Die Frage über Seele oder andere unerklärte Ereignisse und Erscheinungen wird oft weder bestritten noch bestätigt. All diese und viele andere Fragen konnten aus dieser Sicht geklärt oder formuliert werden.

Hiermit bedanke ich mich bei all denen, die das Entstehen dieses Artikels durch anregende Diskussionsbeiträge und sorgfältiges Lektorat unterstützt haben.

Über weitere Anregungen interessierter Leser würde ich mich sehr freuen.

Sie können gerne über folgende E-Mail-Adresse Kontakt mit mir aufzunehmen: flockentheorie.hellmehl@yahoo.de